快乐的热浪，会把平凡的日子吹得蒸蒸日上。

林小仙
sweetaro

首先你要快乐，

林小仙 著 sweetaro+ 绘

其次都是其次

中国妇女出版社

图书在版编目（CIP）数据

首先你要快乐，其次都是其次 / 林小仙著 ；
sweetaro⁺绘. —— 北京 ：中国妇女出版社，2024.2（2024.10重印）
ISBN 978-7-5127-2323-8

Ⅰ. ①首… Ⅱ. ①林… ②s… Ⅲ. ①心理学－通俗读物 Ⅳ. ①B84-49

中国国家版本馆CIP数据核字(2023)第188685号

选题策划：悦风文化
责任编辑：应　莹　王琇瑾
封面设计：六毛朵朵
责任印制：李志国

出版发行：中国妇女出版社
地　　址：北京市东城区史家胡同甲24号　　邮政编码：100010
电　　话：（010）65133160（发行部）　　65133161（邮购）
网　　址：www.womenbooks.cn
邮　　箱：zgfncbs@womenbooks.cn
法律顾问：北京市道可特律师事务所
经　　销：各地新华书店
印　　刷：吉林省吉广国际广告股份有限公司

开　　本：130mm×185mm　1/32
印　　张：8
字　　数：100千字
版　　次：2024年2月第1版　　2024年10月第5次印刷
定　　价：59.00元

如有印装错误，请与发行部联系

致读者：

做一点儿开心的事情可以让你暂时无视麻烦。
在某个时刻，
你只在意自己的感受，
你把所有的注意力都用来取悦自己，
你强制性地将自己切换成乐观模式。

在这个过程中，
你不用担心别人怎么说、怎么看，
也不用担心自己会错过什么。
当你专注于如何让自己开心，
你错过的只会是就该错过的东西，
它包括负面的消息、无聊的八卦、糟糕的情绪。
所以，
当你无聊了、受挫了、沮丧了、疲倦了、
觉得自己无能为力了、认为自己糟糕透了的时候，

不要只顾着伤心难过或者怨天恨地，
而是要提醒自己：
让自己开心的权利，
永远掌握在自己手里。

读完这本书，希望你能明白：
你一直都有让自己开心的能力，
只是你忘了而已。

也借由这本书，希望你能做到：
把生活中为数不多的开心画成重点，
在每个糟心的时刻反复诵读；
疯狂去收集每一个微小的快乐瞬间，
用它们去回击每一个糟糕的日子。

每天至少做一件让自己开心的小事。
用具体的快乐对抗不具体的焦虑，
用做点儿什么赶走无聊与失落，
用自定义拒绝被定义。

击退焦虑

赶走无聊

喜欢自己

打败不开心

确定无疑的事情有那么一两桩，
就足以抵御世间的种种无常。

NO.1

在每个月的最后几秒钟，
吃一颗糖，
这样在新的一个月开始的时候，
就尝到了甜头，
也算是占了生活的便宜。

年　　月　　日

画一张自己的简笔画，签上名，写上日期，再发个朋友圈。

NO.2

抽出一点儿时间，去了解未知的领域，
滋养自己的好奇心。

把一个最讨厌的名字写在本子上，
然后撕下来，扔进垃圾桶里。

NO.1

一定要长得好看吗？长得好笑不可以吗？

NO.2

空腹喝牛奶会胃疼，那我先喝一小口牛奶，
不空腹了，再继续喝牛奶会胃疼吗？

定期奖励自己

NO.3

定期奖励自己。
不管自己顺利不顺利，
都要定期给自己一点儿奖励，
可以是之前舍不得买的鞋子，
也可以是突然想吃的美食。

给暗恋的人写一句表白的情话。

NO.4

随手记录身边的美好，
包括遇到的风景、陌生人的善意微笑、买到合适的衣服、
抢到心仪的票、听到喜欢的歌曲等。

涂上口红，然后把唇印印在这一页。

NO.3

为什么周瑜死了诸葛亮给他吊丧，
诸葛亮死了周瑜却不给他吊丧？

NO.4

对着流星许愿，如果流星还没着地就烧没了，
许的愿有效吗？

NO.5

看着恋人熟睡，趁他睡着了，
对他龇牙、做鬼脸。

把你打算给自己的奖励写下来：……………………

……………………

……………………

……………………

……………………

……………………

……………………

……………………

签名________ 摁手印________ 以示“不会对自己毁约”。

NO.6

停止比较，
多想一下自己的优点，
多想一下自己走运的事情。

在回家的路上捡一片叶子，洗干净之后，

认真地粘在这一页，写下日期和捡叶子的地点。

地点________ 日期________

NO.5

老板给了我工作，凭什么还得给钱?

NO.6

假如一个人自杀了，
那么世界上是多了一个自杀的人，
还是少了一个自杀的人?

NO.7

把房间收拾得整整齐齐、干干净净的。
躺在床上，再做个白日梦。

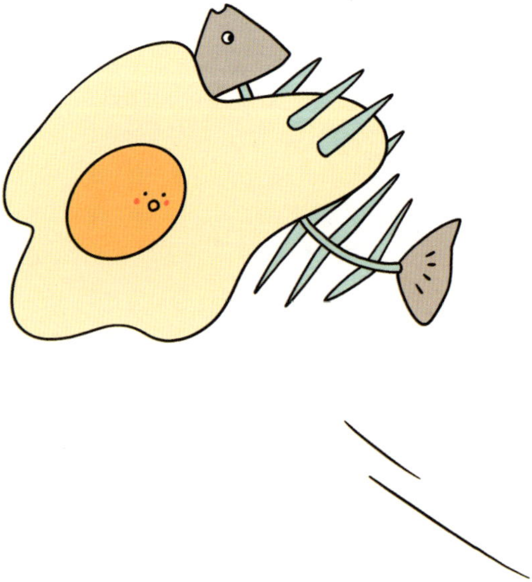

NO.7

鱼浑身都是骨刺，它不疼吗？

NO.8

公交车司机下车以后，车门是怎么关上的？

NO.8

不喜欢的东西就扔掉，
讨厌的人就拉黑，
不开心的时候就睡一觉，
人生那么短暂且美好，
哪有时间浪费在丑陋的东西上？

把手弄脏，然后把手印留在这一页。

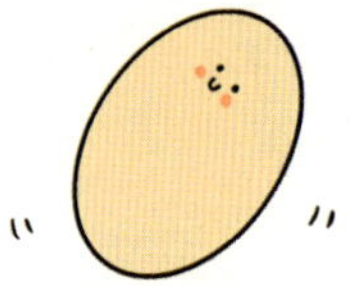

NO.9

每天给自己找一个安静的角落，
给自己一些独处的时间。

想象自己是一个三岁的小朋友，
用笨拙的画法，把这一页涂得乱七八糟的。

我们都曾蹒跚学步，笨拙地走在路上。

NO.10

列一份待做清单，然后埋头去做，
直到所有的事项都打上了钩。

一份待做清单。

把“爱谁谁”这三个字写满这一页。

爱谁谁

NO.9

有人说“笑一笑，十年少”，
又有人说“抽烟会减少寿命”，
那一边抽一边笑可以稳住寿命吗？

NO.10

向日葵晚上在干什么，跟着月亮转吗？

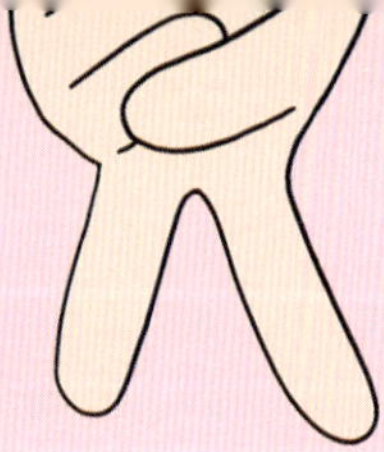

NO.11

看到什么就用心地拍下来，
如果无意之间就能拍到一张让自己满意的照片，
那感觉特别棒！

用心拍照

写一件你最后悔的事情，然后把这一页撕成碎片。

“因为反面可能被撕掉，我是无辜的空白页。哈哈哈。”

NO.12

在今年的计划表里加上：
照顾好挑剔的胃，跟过去的悲伤彻底告别。

写一件你最得意或者最骄傲的事：

回想它的细节：

直到你的脸上露出笑容。☺

NO.13

清理朋友圈。
不喜欢的人和内容，
定期屏蔽，拒绝无用的社交，
不刻意维系点赞之交。

用两种颜色的彩笔，
在这一页，自己跟自己下一盘五子棋。

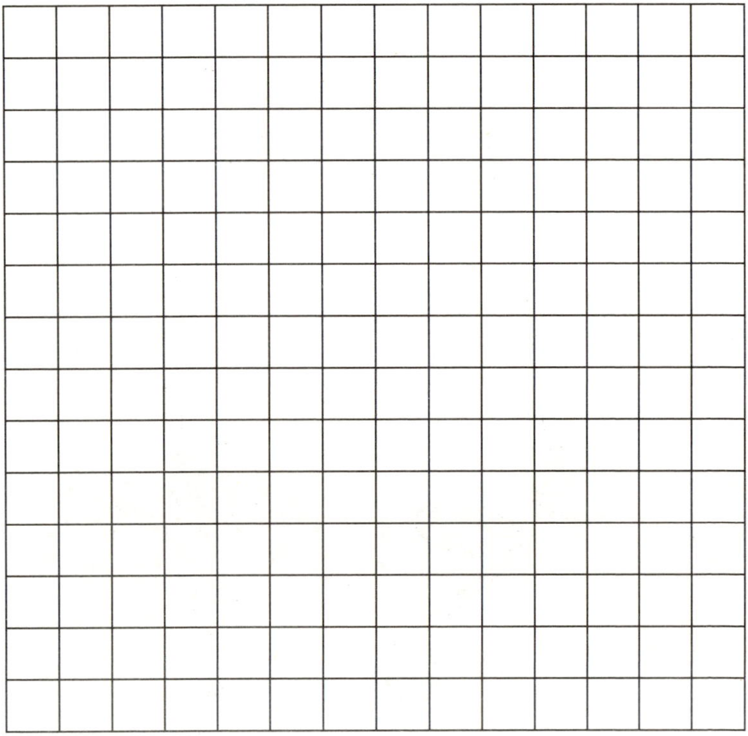

NO.14

出门赶上堵车，
就放几首自己喜欢的歌，
然后跟着唱起来。

回忆你去过的最喜欢的一个地方，
把当时的门票、车票或者机票贴在这里。

NO.11

咖啡豆也是一种豆子，那咖啡算是豆浆吗？

NO.12

如果一个人在监狱里不好好表现，
会不会被监狱赶出来？

NO.13

眼镜没有发明之前，眼镜蛇叫什么？

NO.14

为什么陨石总能精准地命中陨石坑呢？

每周日的晚上，
把令你焦虑的、觉得下周可能发生的烦恼写下来，
投入烦恼箱里。等到一个星期之后，
你会发现 90% 的烦恼都没有发生。

NO.15.

用你熟悉的某地方言唱一首你熟悉的歌，
然后录下来，放给自己听，
在这一页写下听的感受。

感受：

NO.16

表白失败了，
就在心里默念这段话：

“如果我是你，
肯定早就爱上我自己了。”

包一顿饺子，自己剁馅，自己擀饺子皮，
不许找帮手，不会就找视频教学，
不管包成什么样子，都煮熟了吃掉。

NO.15

皮卡丘用的是直流电还是交流电？

NO.16

把变色龙丢进彩虹糖里，它会变成什么颜色？
如果变色龙趴在一盏不断变色的灯上面，
会不会心力交瘁？

NO.17

严格地执行一项新的膳食计划，
规则是：
如果我吃的是你盘子里的东西，
那么卡路里就不计算在内。

记录一下你最近几年最喜欢的几样东西，
可以是电子产品，可以是房子、车子，
也可以是朋友、恋人、宠物。

NO.18

赤手空拳把一块巧克力分成四块，
然后只吃掉一块。

写自己的名字，写满这一页。

睡前请跟自己说三句话：

1. 没关系的。2. 都会过去的。3. 我是被爱的。

NO.17

冰激凌是凉的，哪儿来的热量？

NO.18

一斤藕有半斤洞，那你是不是买了半斤空气？

被别人指责脑子笨，
就安慰自己说：
“脑子笨没有那么可怕，
毕竟水母没有脑子，
也活了几亿年。”

一只手画圆形，一只手画方形，重复 5 遍。

世上之所以有这么多条条框框，
就是为了告诉你不必格格都入。

NO.20

心情烦闷的时候，试着把自己的心情记录下来。
记录是一个梳理的过程，
把来龙去脉疏通了，心情自然就好了。

走出这个迷宫。

NO.21

梦见了想见的人，第一时间告诉对方。
条件允许的话，就马不停蹄地去见一面。

To ________

给偶像写一封信，拍下来，并去社交软件上@他。

NO.22

繁忙的生活之余，
要让自己精致一点儿。
当你洗了头发，敷了面膜，
之后再看镜子里的自己，
会觉得自己配得上一切美好的事物。

给未知恋人写一封信，要贴上邮票，
并发个朋友圈："缺收件地址。"

（如果有对象，就给未来的孩子写一封信。）

NO.19

小明问妈妈：
“为什么我只有大姨、二姨、四姨？我三姨呢？”

NO.20

吃了止疼药去打架，会不会不知道痛了？

NO.21

假如我一拳把自己打死了，是我太强了，还是我太弱了？

NO.22

被门挤过的核桃吃了还能补脑吗？

种下一点儿快乐

NO.23

养花，当自己养的花盛开时，你会体会到不一样的快乐。

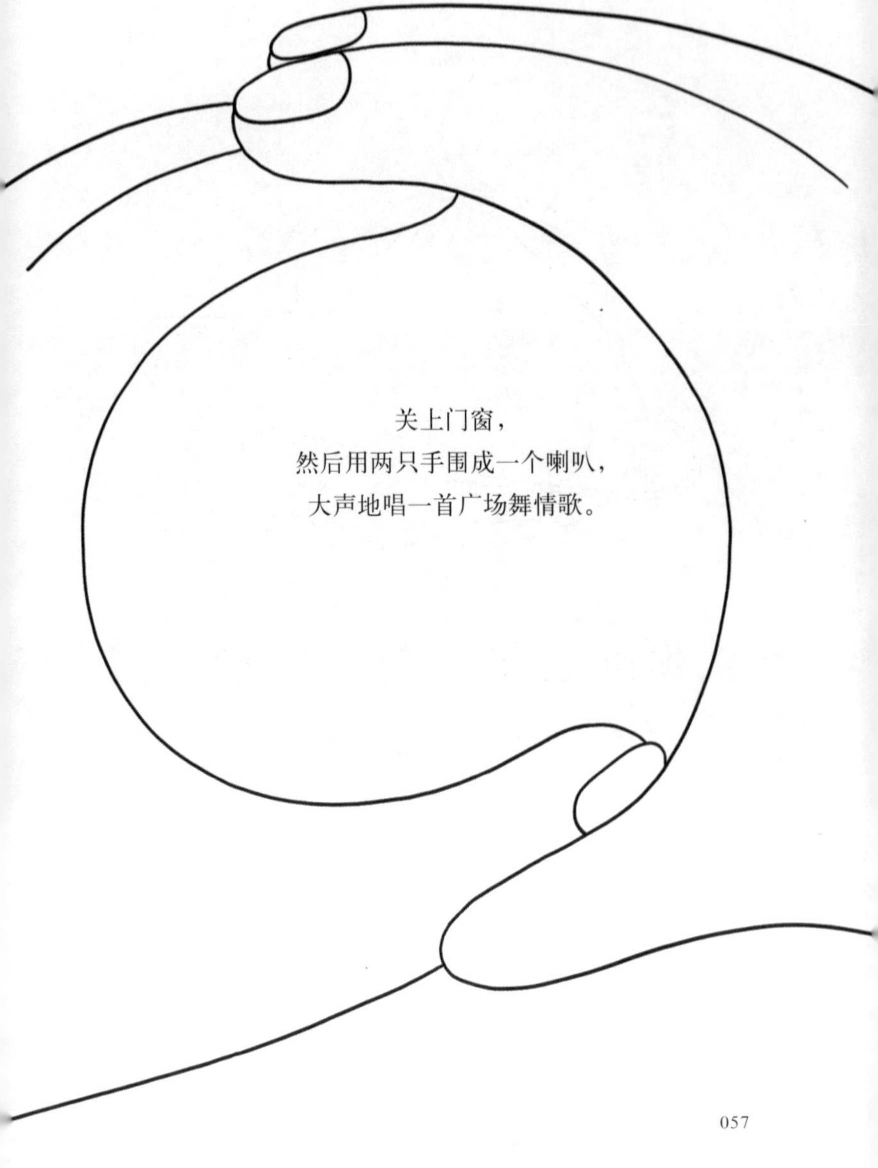

关上门窗，
然后用两只手围成一个喇叭，
大声地唱一首广场舞情歌。

NO.24

科学减肥。当体重秤上出现了自己想看到的数字时，你会有一种胜利的感觉。

自拍一张照片，
给照片里的自己
画上大胡子或者牛角。

NO.23

每天吃点儿感冒药，还会感冒吗？

NO.24

美人鱼有刺吗？

NO.25

忍住不说。

对任何人都不要毫无顾忌地说出自己的秘密，

因为你的每一次祖露胸怀都有可能在未来的某个时刻

成为别人专戳你软肋的机会。

谨言慎行。

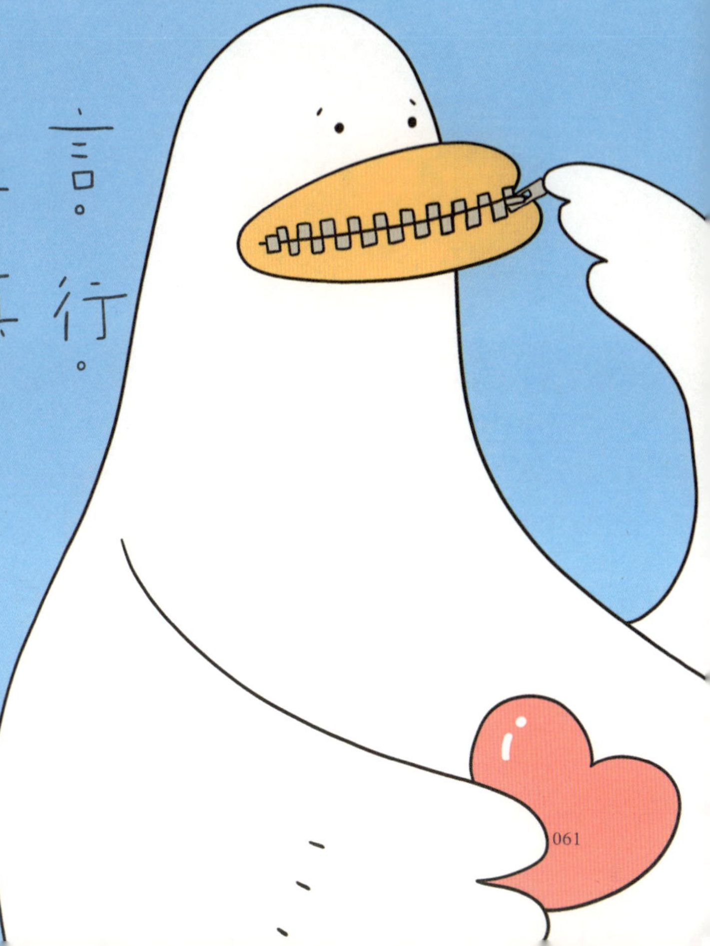

用鼻子碰一朵小花，并对它说："很高兴认识你。"

认识你真好啊！

NO.26

不再考虑谁是“在空闲时间才与你交谈的人”
和“专门腾出时间与你交谈的人”，
专心地、用心地对待此时此刻的眼前人。

在这一页画上月亮和星星，
并用不同颜色的彩笔涂色。

我生嚼繁星，拿新月刷牙。

NO.25

表白之后，对方说需要时间和距离，
他是要计算速度吗？

NO.26

没洗的苹果不能吃，自来水不能直接喝，
为什么用自来水洗过的苹果就可以直接吃？

心里堵得慌，
就提醒自己一句："该说的说，不该说的小点儿声说。"

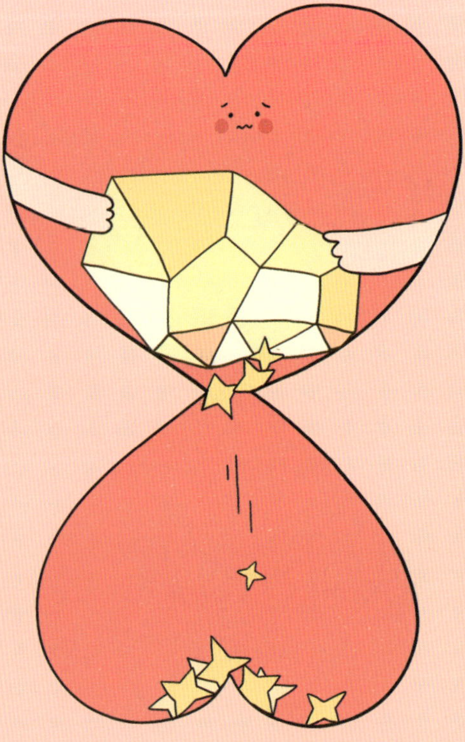

NO.27

在这一页写上你近一个月最喜欢的一句话。

NO.28

给痛苦的事情，取一个好听的名字。

想象一下你的婚礼现场会是什么样子。（可以写，也可以画）

你的目标不是婚礼，
而是真切地感受幸福。

NO.27

如果你正在大便，闯进来一个歹徒抢了你的包，
请问你是先拉完，还是先追歹徒？

NO.28

近亲结婚不是会影响孩子的智力吗？
为什么亲妈和亲爸结婚了，你却没有受到影响呢？

NO.29

帮做错事的自己，找一个动听的借口。

把你最近一周的购物清单写下来：

星期一

星期二

星期三

星期四

星期五

星期六

星期日

NO.30

凌晨三点，出发去看日出。

带着这本书去旅行，让每个新认识的朋友给你签名！

NO.29

舌头要怎么放在嘴里才会最舒服？

NO.30

减肥餐应该在饭前吃，还是饭后吃？

NO.31

偶尔让自己透明，不要顾及他人的评论。

让你最好的朋友在这一页，写出你最大的优点和缺点。

最大的优点：

. . . .

. . . .

. . . .

. . . .

. . . .

最大的缺点：

. . . .

. . . .

. . . .

. . . .

NO.32

对于话不投机的人，以礼相待，增加距离。

写下你最想去的几个国家或者地区，
并写上你计划出游的时间和顺序。

地点 ____________________ 时间 ________

地点 ____________________ 时间 ________

地点 ____________________ 时间 ________

地点 ____________________ 时间 ________

地点 ____________________ 时间 ________

地点 ____________________ 时间 ________

NO.31

孙悟空的尾巴呢？如果没有的话，
为什么大战二郎神的时候变出的小庙有尾巴？
如果有的话，为什么猪八戒没有？

NO.32

怎么样才可以把脑袋里的钱提现到银行卡里？

NO.33

被问到“为什么总爱买衣服”时，
理直气壮地告诉对方：

“因为我一年比一年有气质，
去年的衣服，配不上今年的我。”

写下此时此刻的位置、天气、心情、体重、坐姿和刚吃了什么。

位置：

天气：

心情：

体重：

坐姿：

刚吃了什么：

NO.34

看纪录片，关于风景、人文、历史、美食的都行。

写下你最喜欢的作者和作品，
为什么最喜欢。

作者：

作品：

原因：

NO.35

做手工。
找点儿东西缝、织毛衣、
织帽子都行。

选三样不常用的东西扔掉或者送人。

NO.33

毕业 3 年，
在学校学的东西已经全部还给老师，
学费为什么不退我？

NO.34

把数据线插在电脑和手机上传输数据，
那么同时把两头拔下来，
数据会留在数据线里吗？

重读一本好书。

NO.36

重读一本好书，
当你再次拿起那本书的时候，
你会感觉一切刚刚开始。

试着回想一下，或者去翻日记、社交软件，写下前年的今天、去年的今天，你在哪里，以及和谁在一起。

NO.37

突然想吃某个东西，
马上换衣服换鞋子出门，
买完还没吃就已经非常快乐了。

找一支你最喜欢的颜色的彩笔，
把这一页涂满。(你也加入吧)

NO.38

给亲爱的某某挑一份礼物。

发生在自己身上的最好笑的一件事，请写在这里。

NO.35

把《哈利·波特》里的隐形斗篷铺在地上会发生什么?

NO.36

如果把中国历代皇帝放在一个群里，他们会聊什么?

NO.37

儿童节冒充儿童，算犯法吗?

NO.38

我吃了一个蛋，然后我喝了很多茶，
这样我是不是等于吃了茶叶蛋?

你想到爆笑的问题可以写下来哦!

NO.39

忙到“冒烟”的某天傍晚，
一个人去 KTV 里大唱特唱。

做两份黑暗料理，拍个照片留念。

板蓝根泡面

棉花糖炸酱面

NO.40

换一个新发型，
之前从未尝试过的那种。

换个
新发型

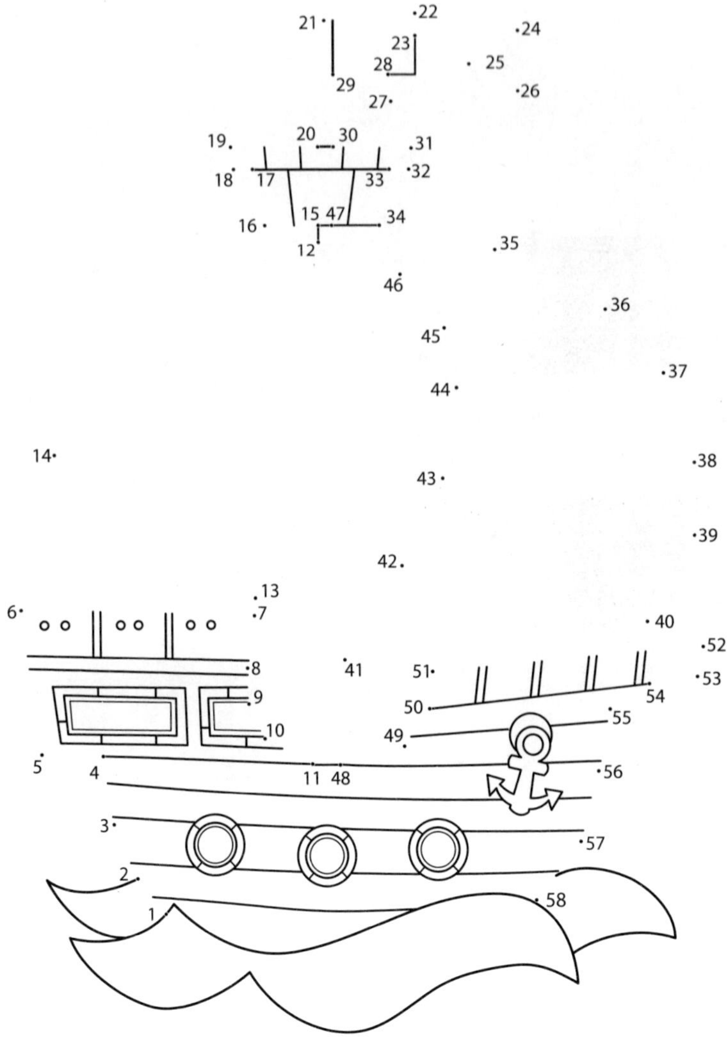

按数字顺序连线。完成之后，自己想一个成语，写在这一页。

NO.39

秃顶的人应该用洗发水，还是洗面奶？

NO.40

可以把无籽西瓜的技术用到石榴身上吗？

NO.41

无所事事的时候不要有罪恶感，
要允许自己放空一下。

搞不定的情绪，就用笔划掉它。

嫉妒　　郁闷　　心里堵得慌　　好无聊啊　　烦死了

又胖了　　被批评了　　太生气了　　好焦虑

NO.42

头一次去的餐厅，
就点这家餐厅里最好吃的菜品。
如果不知道，
就问问服务生或者查查它的口碑。

用你家小动物的爪子，在这一页留个爪印。

你先可爱了，生活也会跟着可爱起来。

NO.41

如果某天一把枪指着你的脑袋，你只能说五个字，
说得好就会放了你，说得不好就立马开枪，
你会说什么来保命？

NO.42

河水真的一直在流吗？
它会不会趁夜里没人的时候偷懒？

NO.43

劝自己跟过去告别。
毕竟已经发生的一切都无法改变，
这是基本的物理原理。

跟自己的鞋子聊五分钟。

NO.44

对自己温柔一点点，
把自责或者自卑的自己暂时锁起来。

不借助工具，徒手画40条笔直的横线。

01
02
03
04
05
06
07
08
09
10
11
12
13
14
15
16
17
18
19
20
21
22
23
24
25
26
27
28
29
30
31
32
33
34
35
36
37
38
39
40

你有你的立场，我有我的底线。

NO.43

为什么爸妈结婚的时候不叫我？
为什么作为亲孙子的我没能参加爷爷的婚礼？

NO.44

如果有一天你突然变成了一只猫，
你既没办法说话，也不能做超出猫这个物种的动作，
那么你该如何向你的爸妈证明你其实是人？

NO.45

小口慢咽，不要狼吞虎咽。

给自己取个外号，
然后用软件翻译成多国语言。

译

用心倾听

NO.46

多倾听，少说话。

随便抓一把米，然后放进碗里，
再数数一共多少粒。

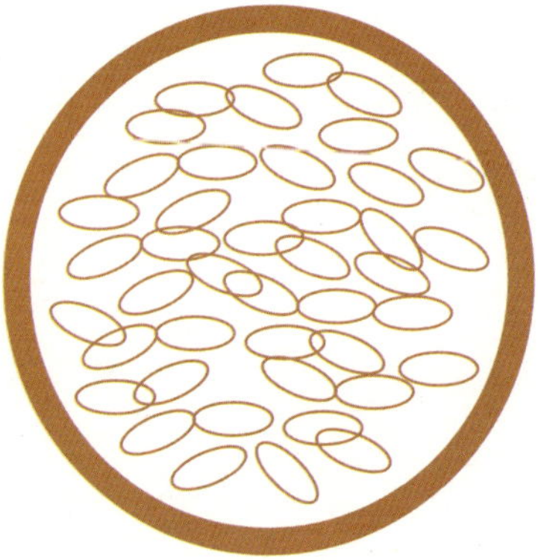

爱自己就是明白自己的能力有限，时间有限，精力有限。

NO.45

明明是站在电梯里，
为什么叫坐电梯呢？

NO.46

为什么外国超级英雄趴着飞，
而中国神仙竖着飞？

NO.47

冥想。
不管是坐着还是躺着都可以，
就安安静静地自己待一会儿。

每次想起来都想笑的事情，请将它写在这一页。

NO.48

深呼吸，
并感知自己的呼吸。

读一首你最喜欢的诗。

配一首你最喜欢的轻音乐。

NO.47

苏东坡知道自己最有名的作品是“东坡肉”吗？

NO.48

梁山伯与祝英台变成了蝴蝶，但蝴蝶的生命只有几天，他们为什么不变成龟类，让真挚的爱情延续百年？

NO.49

不管身处何地，
都努力去发现此时此刻此地的美好之处。

一边洗澡，一边哼唱《蓝精灵》。

NO.50

停止怨恨，想一想这件事情、
这个人给自己带来了哪些有益的启发。

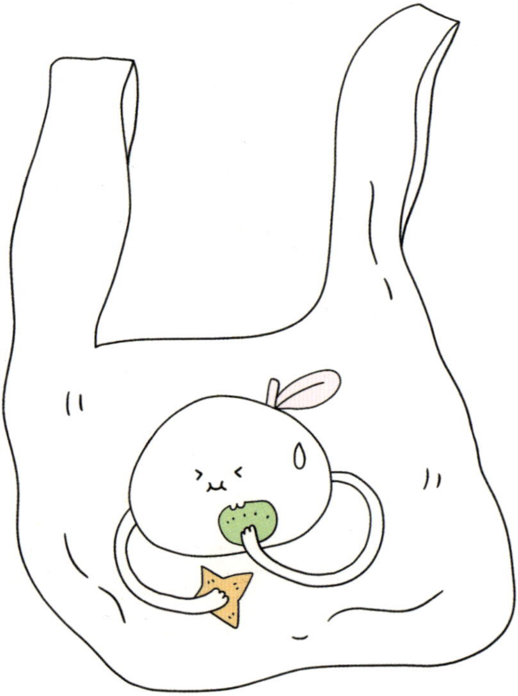

逛超市的时候，
买两样从来没有吃过的食物。

NO.49

晚上跑步会被月亮晒黑吗?

NO.50

和别人通电话时，小声说话，
会不会降低对方手机的耗电量?

NO.51

去看演唱会之前，
认真地学习几首这个歌手的歌曲。

拍下一朵云，

给它取个好听的名字。

NO.52

仰望星空，
并且试着去寻找几个
你熟知的星座。

削一个苹果，争取果皮不断。

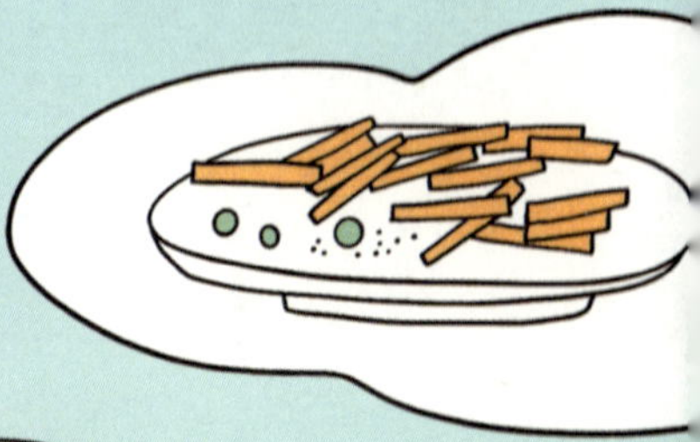

NO.53

想一想自己需要什么，
不管是玩手机、看电视、打游戏，
都先要跟自己确认一下：“我需要的是什么？”

滴一滴有颜色的水在这个页面上，
然后用嘴巴吹动它，创作一幅画。

人生是旷野，不是轨道。

NO.54

找一个舒服的地方躺下，把手机关机，
就静静地听周围的声音，听自己内心的声音，
就算脑子里有几个小人儿在打架，
你也不劝架，让它们打去吧。

任性一下，给微信通讯录的第 8 个人发视频。

NO.51

给蛇打个蝴蝶结，蛇能自己解开吗？

NO.52

如果蚊子都变成吸脂肪，世界会变成怎样？

NO.53

如果屁是香的，人们还会感到尴尬吗？

NO.54

学校上课的黑板有弹幕会是什么样子？

NO.55

给花浇浇水，
告诉它今天的午餐吃了什么。

画四笔，将这个圆分成 10 份。

相爱为什么会分开？因为问题大于爱。

给地球的吻。

NO.56

在屋子里走两步，
并且时刻回味瑜伽教练的名言：
“走路，就像是用脚亲吻地球一样。”

和爸妈逛一次街，
并假装你今天只有5岁。

父母健在，你就是世界上最富有的人。

NO.57

给家里的阿猫阿狗们洗澡，
洗完之后把它们吹得蓬松。

你是年少的欢喜，喜欢的少年是你

试着倒着写出这行字的镜像字。

NO.58

去看一场悲伤的电影，
肆无忌惮地为悲催的主人公掉眼泪。

把手掌放在这一页，用笔描出手掌的形状。

有些礼物，上天会绕个圈子才给你。

NO.55

长颈鹿眼睛痒了怎么办？

NO.56

“允许导盲犬进入”，
是给盲人看的，还是给导盲犬看的？

NO.57

孙悟空无姓无名的时候，
阎王的生死簿上是怎么写的呢？

NO.58

你家的宠物狗会不会认为
每天给你送外卖的小哥是你的主人？

NO.59

善待陌生人，
像善待自己那样。

假装自己是一位诗人，
以“吃饱”为题创作一首小诗。

吃 饱

NO.60

允许别人喜欢自己，
同时允许一部分人不喜欢自己。

挑一颗最好看的草莓，
然后小心翼翼地
挑出它身上所有的“刺”。

NO.59

斑马是白马黑条纹，还是黑马白条纹?

NO.60

如果炫耀要收税，会发生什么?

NO.61

不要熬夜，不要熬夜，不要熬夜，
凌晨三点不是试图厘清人生的时间。

记下此时此刻的日期和时间，
以及手机的电量、存储的余量。

手机的电量 100%

存储的余量 100%

年　　月　　日

NO.62

允许别人不理解自己，
也允许自己不理解这个世界。

回忆一下

刚才出门拿钥匙的是左手还是右手？

左 右

先迈出门的是左脚还是右脚？

左 右

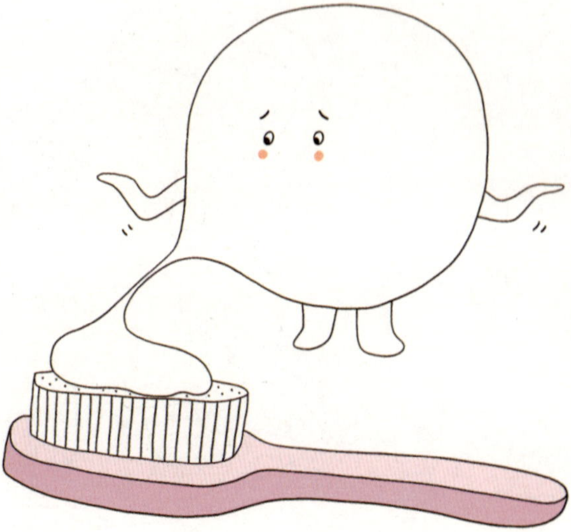

NO.61

电脑死机的时候，电脑在干什么？

NO.62

刷牙时，
为什么不把牙膏挤到嘴里再刷，
而是先挤到牙刷上再刷？

与众不同的自己

NO.63

保护好自己的与众不同，不管是身体上、心理上，
还是行为习惯上的，地球上有 80 亿人，
就意味着有 80 亿种正常。

列一下今天的计划表，然后按照重要程度依次分类。
今日任务表：

____ 1

____ 2

____ 3

____ 4

____ 5

____ 6

____ 7

/ 务必完成的

/ 争取完成的

/ 没那么重要的

NO.64

练好一首喜欢的歌，
期待在某个时刻登台表演，
又或者在某个时刻唱给自己听。

在这一页写满你觉得很美好的成语。

一帆风顺　春暖花开

锦绣前程　……

NO.63

当你在一款浏览器中搜索另一款浏览器下载的时候，
那款浏览器是什么心情？

NO.64

在书店看到一本书叫《解决你人生 50% 的问题》，
于是我买了两本，
为什么还是不能解决所有问题？

NO.65

模仿主持人播报一段新闻，
尝试用不同的语速。

马上出门去超市，买一包方便面捏碎。

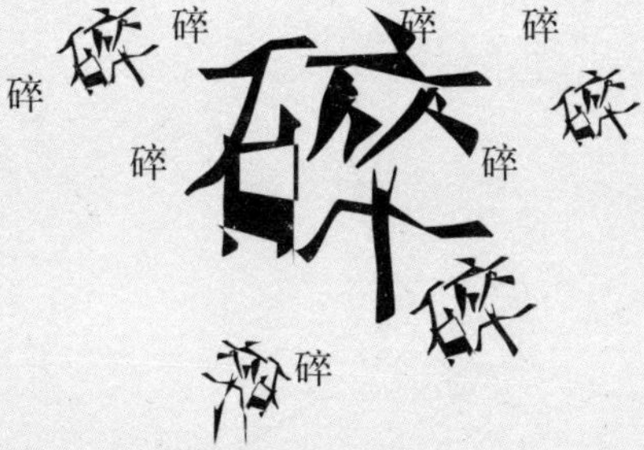

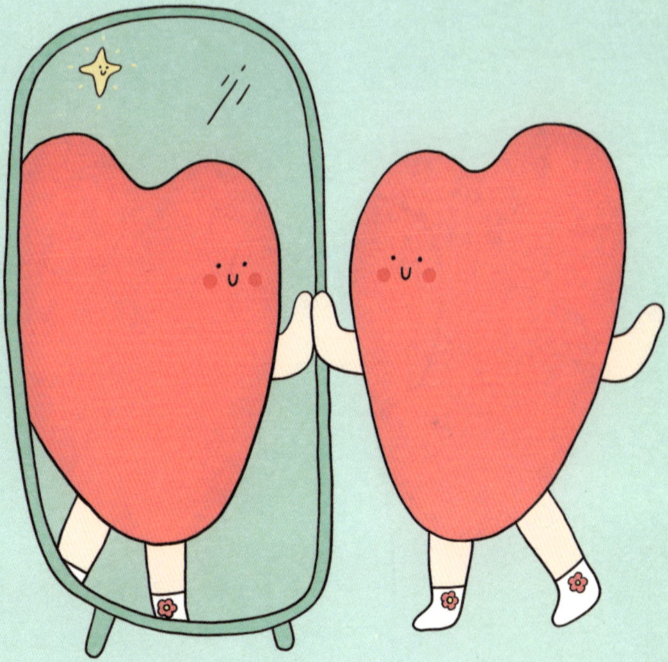

NO.66

不要欺骗自己，
更不要帮别人欺骗自己。

给这张简笔画画上头发、耳朵、眼睛和牙齿，
并用你的姓氏给他取一个名字。

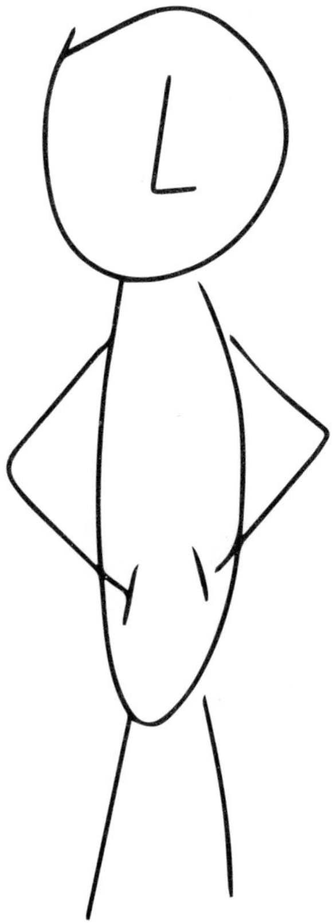

NO.65

如果古代的皇帝想尝尝月亮的味道，
而你是御厨，你该怎么办？

NO.66

金箍棒可以变大也可以变小，
那能不能变成一边大一边小或者葫芦状或别的形状？

NO.67

每次帮到别人的时候，要在心里夸自己：
“哟呵，真是一个善良的人。”

闭上眼睛，
在这一页写出你心底埋得最深的那个名字。

NO.68

不被看好的时候，更要好看。

写出两句暖心的话。

NO.67

如果精神病是传染病，世界会怎么样？

NO.68

怎样忘掉一首从小背诵到大的古诗？
例如《春晓》《咏鹅》以及《静夜思》。

NO.69

“先走为敬”

如果有人让你感到不舒服，要相信自己的感觉，
因为对方跟你并非一路人。

在这一页写出 π 的小数点后 50 位。

π =3.141

有人在新鲜感里无限循环，
有人缝缝补补，对一个人爱了又爱。

减肥的日子里，嘴巴觉得寂寞，
就偷偷去吃炸鸡和汉堡。

NO.70

设计一个超酷的解锁图案

NO.69

如果你在沙漠中发现了一整块十吨重的黄金，
你该怎么办？

NO.70

假如
你对一件未知事物的预测能力准确率是 50%，
那么你该如何使用它？

NO.71

在窗子旁边听下雨的声音，
如果痴迷了，就录下来；
如果觉得不过瘾，就换一身衣服出去踩水。

在苹果上啃出一个爱心。

不带任何目的地下楼走一走，
大口地呼吸新鲜空气，并赞美云朵。

NO.72

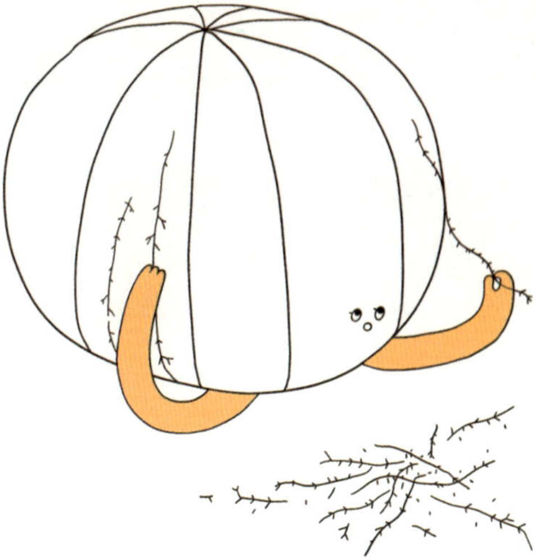

剥橘子，然后撕掉它身上所有的白色橘络。

NO.71

既然陨石进入大气层会摩擦生热，
那么牛排从多高的地方掉下来正好烤熟？

NO.72

哭多了会脱水吗？

NO.73

离开消耗自己的人，
翻脸是解决人际矛盾的有效办法。

启动计时器，看自己花了多长时间背下这段话。

5.4.3.2.1. Start：

你坐飞机失事的概率是 470 万分之一，
但你安然无恙；
你开车出意外的概率是 4 万分之一，
但你毫发无损；
你作为人类出生在地球上的概率是 400 万亿分之一，
而你身体健康。

所以，
不要质疑此刻不够美好，
你其实正在被祝福着。

All Time：__________

跟我一起飞吧！

NO.74

与其心动，不如行动。

用嘴咬着笔，在这一页写下：

“今天过得很开心。”

只要你是开心的，人生这条路怎么走都没事。

NO.73

老虎小时候叫小虎吗?

NO.74

苍蝇不小心飞进了机舱里，
被搭载到另一个城市怎么办?
它的家人怎么办？

NO.75

把最好的朋友约出来。
情绪不好的时候，人就像一团被揉皱的纸，
而最好的朋友就像是拎着熨斗一样，
可以一点一点地把自己熨平，再在上面画几朵好看的小花。
然后，自己就成了这个世界上最可爱的纸。

今天最想吃的是什么？

想和谁一起吃？

把答案拍下来，发给那个人。

NO.76

吃东西觉得有罪恶感，就默念一段话：
“我妈看着我减肥会心疼的，
所以这顿饭不是为我吃的，是为我妈吃的。”

带着这本书，带着印泥，
收集10个最亲近的人的指纹。

NO.75

觉得螃蟹活活被蒸死很可怜，突然不想吃了怎么办?

NO.76

有时候会感觉自己的头上应该长出蘑菇，
所以一直没长蘑菇会觉得焦躁，该怎么办?

NO.77

外面大风大雨的时候，就关好门窗，
刷刷剧或者呼呼地睡大觉。

真心话大冒险，
写下你害怕的两个问题：

要大笑，要做梦，要与众不同，人生是一场伟大的冒险。

NO.78

认真对待一日三餐，并提醒自己只吃七分饱。
那一点点未被满足的饥饿感，
能够让自己更清醒、更精神、更美丽。

写下你想做但不敢做的一件事，然后在生日当天尝试一把。

NO.77

玉皇大帝是住在对流层，还是平流层？

NO.78

除了咸水鱼和淡水鱼，
有没有不咸不淡的鱼类？

NO.79

鼓励自己，发一个正能量的朋友圈，
或者录一段为自己加油的视频。

鼓励自己

找三个好朋友，让他们各说一个对你印象最好的瞬间。

NO.80

骑自行车去市郊看风景，
累了就停下来拍风景。

写 3 个近期的小秘密。

1

2

3

不说话，仅仅是为了防止说一堆废话。
如果你因此觉得我内向，随你的便。

NO.81

找一个新的爱好，并购买适合自己的新装备。

比如绘画、游泳、跑步、录音、打球。

找一个新的爱好。

1 2 3

4 5 6

7 8 9

10

将你最喜欢的 10 个品牌的 logo 画在这一页。

NO.82

学会拒绝别人

拒绝某人的不合理请求，不管是借钱，
还是聚餐、交友，不喜欢的话，就直接拒绝。

你最喜欢的一本小说是什么？

你还记得小说里面主人公的名字吗？

NO.79

诸葛亮会背《出师表》吗?

NO.80

眼泪是从眼睛里流出来的，
那为什么要叫哭鼻子，而不是哭眼睛?

NO.81

万能胶能不能粘住不粘锅?

NO.82

车厘子那么好吃，
为什么不培育成苹果那么大个的?

NO.83

不再试图改变谁，尤其是亲近的人，
试着站在对方的角度去理解对方。

统计你所有的存款，写下你今年的大额消费计划，写下你未来五年的奋斗目标（一个数额）。

***

我此时有　　　　　　　　　　元。

我今年大概要花掉　　　　　　　　　　元。

我想通过五年时间努力赚到　　　　　　　　　　元。

NO.84

不乱开别人的玩笑，
也制止别人乱开自己的玩笑。

我们（我）

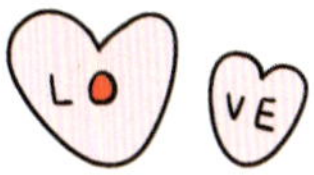

手写爱情宣言，并和相爱的人一起签字。
如果没有相爱的人，就只签自己的名字。

NO.83

阿姆斯特朗在向月亮靠近的时候，
他在某一瞬间也会期待在月亮上见到嫦娥吗？

NO.84

生蚝煮熟了还可以叫生蚝吗？

NO.85

不较真，要学会“看破不说破，看穿不拆穿”，
要学会讲“你说得对”。

左手和右手玩“石头剪刀布”，
谁赢了，就用哪只手吃饭。

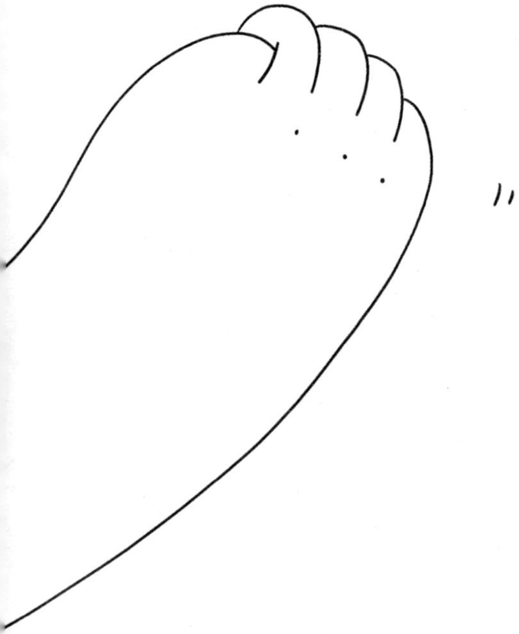

NO.86

和某人做个约定，谁想逛街、
看电影或者吃好吃的，
就掏出手机打给对方。

希望未来的另一半是什么样子的？
希望未来的房子是什么样子的？

我希望未来的另一半是：

我希望未来的房子有：

NO.85

午餐肉可以晚餐吃吗?

NO.86

下周日是星期几?

讲无厘头废话。

NO.87

讲无厘头的废话。

比如“这是西红柿，有一股番茄味”，

又比如“七日不见，如隔一周”。

把你和最好的朋友第一次见面的情景写下来。

NO.88

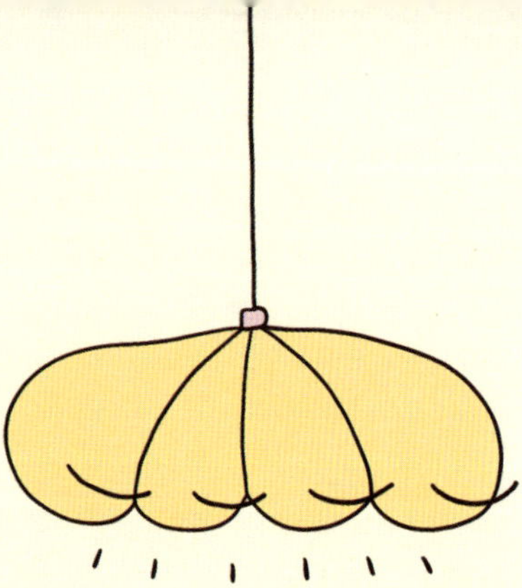

每天抽出一点儿时间阅读，
并写一小段阅读体会。

阅读时光

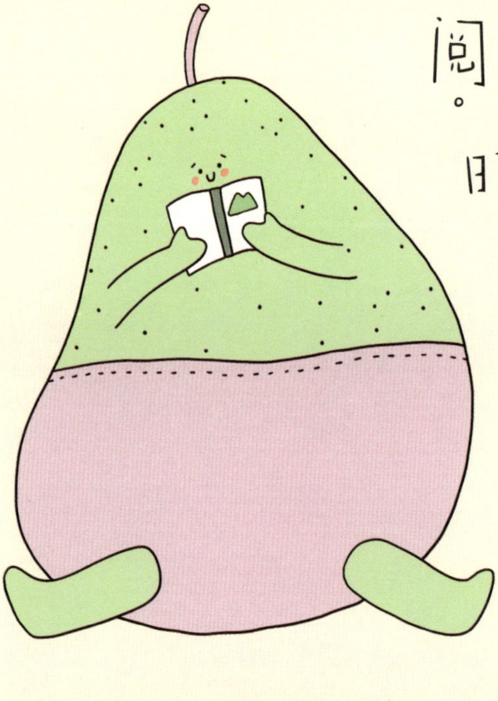

把自己的缺点列出来，一年之后，划掉已经改掉的。

年　月　日

年　月　日

NO.87

既然轮子那么快捷迅速，
那为什么人的腿不进化成轮子？

NO.88

打吊瓶的那个针戳到肉里，
会不会戳出一条圆柱体的肉？

NO.89

达成某个目标之后，
狠狠地奖励自己一个贵重的礼物。

去看一场演唱会。

能量满满的一天

NO.90

坚持早睡早起一个星期，
发现精神状态好了很多，
近期的情绪和工作效率也好了很多。

在手掌抹七种颜色的颜料，在这一页抹出一朵七色花。

不要把五颜六色的生活过得乱七八糟。

NO.89

明明是馍夹肉，为什么偏要叫肉夹馍呢？

NO.90

杀人不眨眼的人，眼睛不会干吗？

NO.91

独自一个人安静地站在街头，
看着陌生的人群涌动。

画一只猫的爪子和一只狗的爪子。

有时候我觉得我自己，
就像是：
怕水的鱼，恐高的鸟，怕鱼的猫。

NO.92

不定期删人。删除或者拉黑。

就现在，约三五个好朋友，晚上聚一下。

NO.91

省到后来，一下子全都花掉，
这就是你省钱的目的吗？

NO.92

如果孙悟空活在当今世界，
你觉得他适合学文还是学理？

NO.93

新学一道菜，回家做给爸爸妈妈吃。

打卡八杯水，记录一下时间。

(　　　　)

(　　　　)

(　　　　)

(　　　　)

(　　　　)

(　　　　)

(　　　　)

(　　　　)

NO.94

化一个淡妆，配上自己喜欢的鞋子和衣服出门，感觉自己美美的。

列出自己近期最想吃的东西，
吃了一样，就划掉一样。

NO.93

如果两个人都能预知未来，
他们玩“石头剪刀布”，谁会赢？

NO.94

如果全人类一起跳，地球会抖一下吗？

NO.95

在跑步机上跑 20 分钟，
享受大汗淋漓的爽快。

早上出门，
主动跟10个人打招呼说“早上好”，
并记下分别是谁。

有目的地攒钱

NO.96

设定一个消费计划，
比如旅游、买房、买车，
然后有目的地攒钱。

目前为止的人生中，
你觉得自己最高光的时刻是什么？
描述一下当时的感受。

NO.95

二郎神怎么做眼保健操？
他的第三只眼是单眼皮，还是双眼皮？

NO.96

假如晚上不能吃东西，那冰箱里为什么有灯？

NO.97

请喜欢的人吃顿大餐，
并主动给对方倒水、剥虾。

最丢脸的事情是什么？

写出来：

然后全部涂成黑色。

NO.98

积攒空瓶子、废纸壳，
送给收废品的大爷大妈们。

将自己作为童话的主角，写一个小故事：

睡前念给你喜欢的人听。

NO.99

学会一个新的生活小技巧，
比如清洁，比如收纳，比如穿搭。

最喜欢的食物是什么：……………………………………

……………………………………………………………

……………………………………………………………

它为什么招你喜欢？……………………………………

……………………………………………………………

……………………………………………………………

最讨厌的食物是什么：……………………………………

……………………………………………………………

……………………………………………………………

列出它的种种“恶行”！……………………………………

……………………………………………………………

NO.100

再买几本《首先你要快乐，其次都是其次》，
送给自己真心希望他们能够快乐的朋友们。

最近做得最正确的选择是什么？

……………………………………………………………………

如果可以，请放肆地写下夸自己的话！

……………………………………………………………………

……………………………………………………………………

……………………………………………………………………

……………………………………………………………………

……………………………………………………………………

……………………………………………………………………

……………………………………………………………………

……………………………………………………………………

NO.97

都是绿油油的，绿化草坪为什么要用草，
而不是用韭菜？

NO.98

《西游记》里的玉皇大帝那么软弱，
为什么可以掌管天庭？

NO.99

在电脑上下载的GIF动图，打印出来就不动了，
是电脑的问题，还是打印机的问题？

NO.100

愚蠢的人总喜欢说“不”。
那么问题来了：“你蠢吗？”